Passion Flower Appreciation

西番莲花艺鉴赏

高 玲 符小琴 徐 丽 主编

中国农业科学技术出版社

图书在版编目（CIP）数据

西番莲花艺鉴赏 / 高玲，符小琴，徐丽主编 .--北京：中国农业科学技术出版社，2021.11

ISBN 978-7-5116-5574-5

Ⅰ.①西… Ⅱ.①高… ②符… ③徐… Ⅲ.①鸡蛋果—观赏园艺 Ⅳ.① S682.2

中国版本图书馆 CIP 数据核字（2021）第 224077 号

责任编辑 穆玉红 褚 怡 李美琪
责任校对 马广洋
责任印刷 姜义伟 王思文

出 版 者 中国农业科学技术出版社
北京市中关村南大街 12 号 邮编：100081
电　　话（010）82106626（编辑室）（010）82109704（发行部）
（010）82109709（读者服务部）
传　　真（010）82106626
网　　址 http：//www.castp.cn
经 销 者 各地新华书店
印 刷 者 北京建宏印刷有限公司
成品尺寸 260 mm × 210 mm 1/16
印　　张 7.25
字　　数 100 千字
版　　次 2021 年 11 月第 1 版 2021 年 11 月第 1 次印刷
定　　价 68.00 元

编辑委员会

致读者
Preface

西番莲花，色彩奇艳，姿态优美，整体如莲，又似菊，花冠外围多密集的花丝，花药能转动，故又名“转心莲”。花形端庄优雅，外国人称之为“热情之花”(Passion flower)。“Passion”这个词除了表示热情，在宗教里还特指“耶稣受难”，西方传说中西番莲的藤就是缠绕在耶稣的十字架上的。西番莲花的雄蕊看起来像钉在十字架上的耶稣，副花冠也像耶稣基督头上的光环，花瓣和萼片就像跟随基督的使徒，因此在西方的花语中，西番莲花代表着“宗教热情”和“神圣的爱”。

西番莲原产于南美洲，其叶子和花朵奇特美丽和具有多样性，园艺价值颇高，目前全球有超过 400 个观赏杂交品种，具有巨大的经济效益。我国栽培西番莲具有悠久的历史，在唐代、清代已作为观赏植物，称“玉蕊花”。西番莲早在 7 世纪已现身于我国古代艺术中，西番莲纹有“廉洁”“连绵不绝”之意，瓷器、木雕、丝织品、建筑雕刻等都常用这种纹饰。明清时期，特别是乾隆皇帝君臣赋诗后，西番莲更受尊宠。画家们纷纷开始尝试以西番莲为题材进行创作，如清代著名画家任伯年曾创作过一幅《鸢尾西番莲》。因此，西番莲花的艺术鉴赏价值颇高。

在印地安地区流传着关于西番莲的美丽故事。很久以前，西番莲是掌管白天的天神的女儿。她美丽动人，承袭了父亲给予的热情阳光，总是洋溢着灿烂笑容，是森林中最美的花朵。有一天，当星辰初升，西番莲在睡梦中被一阵嘈杂声吵醒。她睁开眼睛，看到在一湾清澈的泉水旁，有一位英俊的少年正在喝水，西番莲小心翼翼地靠近，那少年也笑吟吟地望着她，少年的俊美相貌吸引了西番莲公主。这位少年不像西番莲在白天所看到的其他人，他是黑夜的向导，只在夜间出现。公主对这位黑夜向导十分爱慕，自此之后时时刻刻计算时间，渴望着夜晚的来临，希望能够再次见到黑夜向导。美丽的故事加上动人的容颜，也许这是西番莲花日益受到大众青睐的原因吧！

西番莲叶蔓飘逸，花朵美丽芳香，是十分理想的庭院观赏植物。利用它的攀援性和常绿性，可用来做公园的围墙、绿廊、棚架等垂直绿化，是具有很大开发潜力的园林植物。

随着全球经济的快速增长和人民群众生活质量的不断提高，人们对意境设计、庭院花卉、居家或办公饰品、头饰花艺或服饰花艺的追求日益增加，编者特设计了西番莲花艺鉴赏，让更多人了解西番莲家族的传奇故事与绚丽多彩，让其美好憧憬伴随着我们的品质生活。

由于编写水平有限，成稿时间仓促，书中如有不妥之处敬请读者批评指正，并提出宝贵的意见和建议，以便再版时加以修正。

编者
2020 年 4 月

目录

contents

心中的思念

六朵红色的西番莲花编制而成的花环，代表着心中炽热的爱意与思念。以空气凤梨点缀，思念之情愈加浓烈。

纯洁的礼物

五朵白里透粉的西番莲花饰点缀在粉色礼盒的一侧，代表着圣洁无瑕的友谊与钦慕之情。

期　待

热情豪放的紫红色西番莲花饰静待于错落有致的饰品中，形似头戴花环、身着盛装的姑娘面朝无边无际的远方，期待着心中的那份永恒。

渴 望

紫色的西番莲花框饰呈现色调迷离的背景，空谷轻灵，给人神秘的气息。

回　归

紫色与红色调的相框，配上空气凤梨、蕨叶及多肉的点缀，给人以回家般的温暖感觉。小清新的西番莲果实寓意和谐的结晶与收获。

相约午后

一簇红色的西番莲花，零星点缀几枝黄色小野花，配上香甜精致的西番莲果汁，尽情感受生活的惬意。与背景强烈的颜色对比，给人以轻松与愉悦，疲劳与烦恼瞬间消除。

空谷精灵

玻璃瓶中静静盛开的花儿，犹如一只悄然舞动的精灵。在蕨叶与石缝里多肉的点缀下，让世人感受西番莲花饰的刚烈之美，耐人寻味。

绿野仙踪

一款沁透着夏日清凉的立体造型花饰，虎皮兰叶扎成的花盆赋予作品更多的灵动。3 种色彩的西番莲花在红掌、绿色洋桔梗与蕨叶的映衬下，格外雅致端庄。

对 视

两朵不同色调的西番莲花布局在相框的对角，从上空俯瞰的视野里，如同盛装而又羞涩的一对情侣在灰色空旷的山底，注视着对方，诉说着神秘而古老的故事。

红红火火

艳丽的红色西番莲镶嵌于原木色的相框中，貌似展翅高飞的鸟儿奔赴远方。期许工作顺顺利利、日子红红火火。

秀色可餐

两位紫色西番莲花仙子在黄色的菠萝果实上手舞足蹈，花香与果香扑鼻而来，味蕾活跃度剧增。真可谓秀色可餐！

追　忆

简单大方的设计，一朵紫色的西番莲花安静地坐在果子蔓叶片上，恰似少女追忆粉色的往事，原来生活也可以如此简单。

深夜的约会

寂静的夜晚，小猪的约会悄然而至。在白里透粉的西番莲花装扮下，小猪们兴奋不已，分外可爱。

雅

在典雅复古的花瓶上，白色与紫色相间的西番莲花骤然盛开，设计融合了现代的开放与古典的端庄。西番莲的绿色嫩枝为花饰增添了几分活力。

告 白

夏日盛开的爱情花（红色西番莲），热情洋溢，炽热如歌。采一束送给心中的她，无声胜有声。作为设计素材，充分显示其豪放与温度。

午后阳光

浅蓝色花盆，配上紫红色的玛格丽特，一款小清新的盆栽设计闪亮登场，增添了生活的情趣。

竹篓里的喜悦

迷你小竹篓里装满了娇艳的西番莲花（“3+1”的布局代表始终如一），竹篓底的肩带上别着一朵红色的西番莲花（代表一心一意），这款设计饱含了热恋中姑娘们的喜悦之情。

花开花落

一串红色西番莲花傲立于黑夜之中，底部石头花盆中点缀着空气凤梨和些许蕨叶，凋零的花瓣散落于桌面。五朵盛开的花姑娘在无期限地等待远方的他……这款花开花落的设计将相思之情表现得淋漓尽致。

林深时见鹿

林深时见鹿，海蓝时见鲸，念念不忘，必有回响。精致的铁艺小鹿身披四朵紫色的西番莲花，在空气凤梨和蕨叶丛中欢快雀跃，向世人展示大自然的神奇魅力。

心意如水

在月季的映衬下，四朵西番莲花格外静谧。这款设计寓意在繁华的背后，心灵如水般透彻，坚守初心。

简 约

紫色西番莲花、绿色洋桔梗与红色月季悠闲地依偎在编织竹篮中，呈现简约而充满自然风韵的格调。

乘风破浪

紫色与白色相间的西番莲花坐落于别致的海螺花器中，配上拥有顽强生命力的野草，尝试扬帆起航，乘风破浪，驶向未来的彼岸。该设计象征着纯洁、善良、顽强的生命力。

丰收在望

连翘果实包裹着的三朵热情花心心相印，同心协力，勇往直前。这款设计以红色与橘色为主色调，充分展现了丰收在即的期盼与喜悦。

满载而归

西番莲家族中的袖珍成员（黑色的果实和绿色的小花）装满了车箱，花苞和叶片溢散在车后，满载而归的喜悦不言而喻。这款素材取自三角叶西番莲，和常见的西番莲不同，寓意守正创新带来的收获。

羞涩的少女

五朵粉紫色西番莲花立于果子蔓叶片中，如同清晨刚从梦中醒来的少女羞答答地微笑。清透、玲珑的设计，简洁大方，想象空间大。

与世无争

花烛和长春花的脚下，紫色西番莲花悠闲自得，与世无争，如同花盆旁拎着帽子休息的老人一般超脱。但西番莲花的独特色彩仍旧夺目。

圆月中的她

宁静的夜晚，透明的玻璃瓶宛如一轮皎洁的圆月，透射出西番莲花的朦胧美。

盛情相邀

桌角，紫色西番莲花竞相开放，与黑色的果实形成强烈视觉反差。深邃的黑色折射出的盛情难却，让人忍不住驻足共赏。

梦之蓝

六朵蓝色与紫色镶嵌的西番莲花簇立于陶制花盆中，空气凤梨的陪衬下，展示其刚毅顽强的一面。形同梦幻中的蓝色精灵从远方飞来。

夜空一角

红色、蓝色、紫红色的三色西番莲花与红掌、龙血树及竹芋的叶子巧妙地搭配，勾勒出夜色中颇具魅力的景致。

团 聚

漂浮于圆形玻璃水面的五朵西番莲花，来自家族的三个大家庭，各自特色鲜明，相拥凝望，貌似在诉说久别的思念。

品　花

一个个形似春卷的花仙子整齐地呈现于橙色的果盘中，秀色可餐。该设计简约大方，品花如品茶，是一款较为独特的餐饮花艺。

期 待

仿佛是一双大眼睛深情地凝视着前方，花儿在向世人讲述着她们期待黑夜降临的古老传说。这款卡通式设计将西番莲花的美丽传递给孩童们。

真挚的爱

没有华丽的花盆和花篮，三朵婀娜多姿而又充满传奇故事的西番莲花制作而成的简约花束，亦能表达心中那份炙热的爱。

仰　望

兰花的加入是这个作品的焦点，增添了一丝温文尔雅的色彩，果子蔓的叶片为绿色衬托，整个作品更加饱满。热情豪放的五朵西番莲花仰望着夜空，吮吸着大自然的甘露。

手环的魅力

手环上夺目的西番莲花，增添了优雅气质。一朵西番莲花可代表一心一意，将西番莲花的神奇魅力通过手饰传递给世人。

特别的礼物

精心设计的花束中，那朵紫色西番莲花与众不同，格外夺睛。在特别的日子里献上这款鲜花，可谓别具情意。

伪　莲

池中静静盛开的花儿，似莲却又不是莲。紫色西番莲花在睡莲叶上静静感受着流水之意。似乎在讲述西番莲家族中花的神奇意境。

永 恒

一对紫色西番莲花与树干制作的花器组合，亲近自然，彰显了沉稳与永恒的力量。

心心相印

一对紫色西番莲花亲密相依，倒影见证其心心相印、风雨同舟的旅程。此款设计较简洁，主要体现摄影艺术的元素。

户外一角

扑朔迷离

悬空的玻璃瓶中西番莲花若隐若现，随风飘荡着，给绿色的氛围增添了一丝浪漫的气息。

形影不离

白色的双花西番莲从葱绿的叶片中羞涩地探出头来，与其整齐列队的倒影相拥相依，成对的花儿貌似亲密无间的挚友。

成双成对

一对对黄白相间的双花西番莲悄然开放，眺望那遥不可及的远方，相互依偎着，向世人诉说着家族的美丽传奇。

舞 步

一对紫色西番莲花在绿色的舞池中央翩翩起舞，矫健的舞步旋转于半空中，翘首展示其绚丽生活。

网上之恋

在隐隐约约的网墙上，三朵西番莲花竞相开放，传递其对阳光与雨露的挚爱之情。

空 寂

深邃的窗格，一朵西番莲花在花蕾、叶片和空枝的陪伴下静默守望，期盼丰收的未来。

独秀平凡

在骨干的枝条中，一朵白色西番莲花尽收眼底，浅浅的紫色花心格外暖心，向路人展示西番莲世界平凡的一角。

同心圆

茂密的叶丛中，两朵深红色的西番莲翘首相望，诉说着西番莲家族团结奋进的历程。

纯洁无忧

成串的花蕾中，一朵紫色西番莲花尽情绽放，随风轻轻飘荡，少女般纯洁无瑕，无忧无虑地享受着大自然的雨露。

迷你伙伴

一朵迷你的小精灵跃然浓绿的藤蔓上，紫色与白色相间的花丝舒展至极致，期盼拥抱自己的小伙伴。

陪 伴

结实的藤蔓穿梭于绿色网格，两朵酒红色的西番莲花不约而同地荡起秋千，彼此陪伴，默默许诺。

别致的味道

寂静的夜晚，西番莲花与果实的香甜气息交融在一起，分享着各自不同的阅历。

争芳夺艳

在月季的陪伴下，西番莲家族的三位成员汇聚在一起，展示各自的娇艳，勾勒出大自然的和谐。

大自然的艺术

在纯洁娇小的白色西番莲花点缀之下，富丽端庄的紫色西番莲花配上古香古色的花瓶，勾勒出一幅大自然的艺术作品。

精致的一角

红掌与西番莲花、多肉植物错落有致的搭配，简约别致，呈现出大自然丰富多样的色彩。

朴实相映

朴实的自制相框中，色彩各异的西番莲花手牵手同台亮相，展示其家族的团结友爱。

无 忧

在红掌与粉色拟石莲的映衬下，绚丽的西番莲花被烘托的格外静谧与无忧。

依然自我

在似乎凌乱而飘逸的狗尾巴草中，一朵西番莲花傲然挺立，任凭风吹雨打，独守芳华。

喜　报

簇拥在枝杈下方的西番莲花饱含喜悦与丰收，恰似喜鹊衔来幸福春光。

温 度

在清雅孤傲兰花与晶莹剔透花瓶的衬托下，西番莲花展示了其作为耐寒一员的坚韧与成长。

怡然自乐

简约而超俗的“乐”瓶上方，西番莲花悄然盛开，怡然自乐，感受着大自然的宠爱。

远 航

一对西番莲花并肩伫立，即将启航去远方，寻求幸福的未来。

灼灼其华

竹篓中灿烂如霞的西番莲花，勾勒出《诗经》中灼灼其华的景象，表达对真挚爱情的祝福。

四季祝福

大自然四季交替中，四朵西番莲花默默传递着最诚挚的祝福“一生安康（浅紫色花）、一生幸福（深紫色花）、好事成双（红色花）”。

繁花似锦

虎皮兰叶自制的花篮中，色彩纷繁的西番莲花、热带兰、拟石莲等错落有致地搭配，如同绚丽多彩的锦缎，预示着前程似锦。

空中精灵

悬空的金属环中，俏皮的西番莲花牵手欢呼，翘首嬉戏，构成一幅动中有静、静中有动的清新画面。

简单的爱

三朵热情似火的西番莲花相互偎依，如此简约，描绘出繁华背后简简单单的爱。

韶　华

深邃的黑色之中，一对西番莲花跃然叶丛中，怀着“不负韶华”之心，尽情舞动其绚丽的青春。

锦瑟年华

转眼，锦瑟年华匆匆而过，红颜弹指老，刹那辞芳华。生活终于在大起大落、交叠反复中走向了宁静。

晚霞之舞

月季切花与西番莲花相拥起舞，红斑瓶潜入夏夜，柔软的狗尾草在空中轻拂，增添了作品神秘感。

梦的起点

在月季切花的守护下，三位西番莲姑娘常常在梦里出现，在花影间优雅地旋转——那曾是梦开始的地方。

五月的故事

三朵绿色洋桔梗与两朵色彩迥异的西番莲花形成了强烈的视觉冲击，将五月的故事娓娓道来。

盛 放

夏日，紫白相间的西番莲花盛放，欣欣向荣，配上具有顽强生命力的野花，象征坚强与不屈不挠。

成长的记忆

三朵紫色系的西番莲花象征牢固的基石，红色西番莲花与两朵月季错落搭配，代表逐步成长的历程。

默默守候

红玫瑰的下方，三朵色彩斑斓的西番莲花悄然守候着属于自己的那份挚爱。

心 情

两朵紫色系的西番莲花依偎在三朵绿色洋桔梗的下方，色彩斑斓，嫣然顾盼，洋溢着看透纷繁世事的清澈心情。

年轻时代

蟛蜞菊和绿叶作为作品的基础，红色龙船花和紫色西番莲花相互呼应。整个作品色彩丰富，代表年轻时代的艳丽与活力。

红粉佳人

高冷的紫色中透着淡淡的白，加上满天星的点缀，给人浪漫又尊贵的感觉。

爱　慕

五朵红色西番莲花与四朵紫色西番莲花相拥相依，象征着对天长地久的爱的追逐。

荣 耀

洁白裙裾摇曳，紫色裙身随舞者的动作飘逸诱人，鲜花围绕，荣耀加身，世间的美好都有自己的归属。

盘中餐

三朵紫蓝色的西番莲花朵与多肉植物共聚一盘，将美渲染到无以复加。

春 色

兰花、韭菜花与西番莲花齐放争艳，尽显春色盎然之意。

迷

混合花朵圆形的设计，虽无特别表观，却展示出一种心底深藏秘密的情绪。躲在花朵下的果子蔓叶片若隐若现，带来些许神秘味道。

花之舞

柔软的龙血叶在一对蓝紫色的西番莲花上空飘舞，飘逸的设计，洋溢出心中永远年轻的节奏。

独特的视角

绿叶花筒，洁白的西番莲花，绿色环保，展示大自然的朴实与美丽。

春日

春的女儿颈环绿意，在一片空白间，粉白菊花与浓紫的西番莲花成团争相辉映，是最耀眼的存在。

默契的配角

紫罗兰色调的西番莲花与橘色菊花相呼应，俏皮的争芳斗艳感觉。

展 望

天堂鸟的引领下，菊花与西番莲花错落有致，具同舟共济、扬帆起航之势。

核　心

西番莲与月季装扮的花饰中，最引人注目的还是那一朵蓝紫色的西番莲花，暗示其核心之重。

摇篮中的景色

绿色“襁褓”中，花儿“秀”着彼此含蓄的爱意与暖暖的友情，温馨至极。

纯洁的精灵

一对对纯洁的精灵，搭载着心悦的小船从远方驶来，诉说着旅程的所见所闻，议论着世间的真善美。

温馨草帽

深紫色西番莲花点缀的草帽，不一样的清新与温馨，烦热顿时被驱散。设计素材均源于大自然，流露出人与自然的互相依存及和谐共生。

夏日娇媚

在纯洁的西番莲花点缀下，鞋子多了一丝花开的娇艳与魅力。

一心一意

发夹在纯洁西番莲花的装点下，散发出少女的活泼可爱。

双宿双飞

这对相依相拥的西番莲花跃然在发钗上，如同祥云之上双宿双飞的恋人。

唯　一

这颗以纯洁西番莲花为主角的胸针，传递着自然的灵气与芬芳，简约而大方。

金凤凰

在纯洁西番莲花的点缀下，这只发钗增添了一份大自然的色彩与活力。

小清新

由绿色西番莲花装点的耳钉另有一番风韵，悄悄传递着绿色生活的美好。在炎热的夏天带给人清爽之感。

纯洁的心灵

黄白相间的西番莲花式项链，与众不同。盛绽但不张扬，貌似纯洁无瑕的花仙子，无忧地感受宁静美好的生活。

花样年华

简约的小挎包，因为色彩艳丽的西番莲花而显得风情十足。热情似火的花儿释放出阳光般的暖意与关爱。

童年的记忆

可爱的红裙子上，一对紫色调的西番莲花格外吸睛，婀娜多姿的花丝犹如少女的秀发。大自然的芳香与艳丽陪伴着花儿一样的童年。

西番莲花艺鉴赏

热带风情

洁白 T 恤衫点缀上热情多姿的西番莲花，传递着热爱生活的大自然的气息与热带风情。

热带风情 2

原本平淡素雅的短裙，因为各种艳丽西番莲花的加入和点缀，瞬间化身为俏皮而可爱的精灵。

热带风情 3

牛仔短裤的粗犷气质，在西番莲花温婉的气质陪衬下，也变得柔美和端庄起来。